N°1

The
모두의
스도쿠

SUDOKU

랜딩
북스

스도쿠 이해하기

스도쿠는 큰 사각형 (9×9)에 1에서 9까지의 숫자가 일부 채워진 상태로 시작합니다. 퍼즐을 완성하려면 아홉 칸으로 이루어진 작은 사각형(□, 3×3), 가로줄, 세로줄의 각 칸에 1에서 9까지의 숫자를 중복없이 채워 넣어야 합니다.

작은 사각형

8		6						9
				8			1	6
2	9		6		1	8		
	3			6	8	4		2
9			5	3	4	6		1
6		7	1		2	3		
	6		3	4	7	2	5	8
	5	8					3	
		4	9	8	5			

가로줄

세로줄

큰 사각형(9×9)에 보이는 숫자들을 잘 살펴보고 각 빈칸에 들어갈 숫자를 알아내세요.

처음에는 확실한 숫자부터 채워나갑니다. 처음부터 빈칸을 다 채우려고 하면 오히려 헷갈려요. 반대로 한눈에 봐도 자리가 확정된 숫자들이 있는데, 그걸 먼저 채우면 퍼즐이 서서히 풀리기 시작합니다.

다음으로 작은 사각형(3×3)을 기준으로 보는 습관을 들여야 합니다. 처음엔 가로줄, 세로줄만 보게 되는데, 사실 중요한 건 작은 사각형(3×3) 안에 1~9까지의 숫자가 중복되지 않도록 채우는 거예요. 이걸 의식하면서 보면 빈칸의 숫자가 좀 더 쉽게 보입니다.

1. 작은 사각형 안에 1~9까지 숫자가 중복되지 않게 채운다.

2. 가로줄, 세로줄에도 1~9까지 숫자가 중복되지 않게 채운다.

3. 모든 작은 사각형, 가로줄, 세로줄에 1~9까지 중복되는 숫자없이 모든 칸 안에 하나의 숫자가 들어가야 한다.

Tip. 작은 사각형이나 가로줄, 세로줄에서 빈칸이 가장 적은 사각형들을 먼저 채워 나가면 퍼즐을 쉽게 풀어나갈 수 있다.

스도쿠를 푸는 방법

1. 작은 사각형, 가로줄, 세로줄 확인하기

스도쿠의 시작은 작은 사각형(3×3), 가로줄, 세로줄을 분석하는 데 있습니다.

예를 들어, 하나의 작은 사각형(3×3)에 1, 2, 3, 4, 5의 숫자가 이미 들어가 있다면, 그 작은 사각형(3×3)의 나머지 칸에는 6, 7, 8, 9 중 어떤 숫자가 들어갈 수 있는지를 결정할 수 있습니다. 이처럼 각 빈칸에 들어갈 수 있는 숫자를 고려하는 것은 문제 해결에 큰 도움이 됩니다.

1) 3×3의 작은 사각형 푸는 방법

㉮의 작은 사각형에서 A, B에 들어가야 할 숫자를 찾아보자. ㉮의 작은 사각형에 들어가야 할 남아 있는 숫자는 2와 8이다.

A의 세로줄에 이미 2가 있으므로 B에 2가 들어가야 한다. 그러므로 A에는 8이 들어가야 한다.

		2			8		4	1	3	
			8	3	6	2	5			
	3	9			5			2		
	9	A	B	4		6	7	C	D	
㉮	7	3	4	2		5	8	E	6	㉯
	1	6	5		7		3	4	F	
		4	1					3	5	
			3	8	4	1	9	6		
	6	7	9					8	4	

㉯의 작은 사각형에서 C, D, E, F에 들어갈 숫자를 찾아보자. ㉯의 작은 사각형에 들어가야 할 남아 있는 숫자는 1, 2, 5, 9이다.

1이 들어가야 할 자리는 C, E의 세로줄과 F의 가로줄에 이미 1이 있으므로 D에 1이 들어가야 한다.

2가 들어가야 할 자리는 C, E의 세로줄에 이미 2가 있으므로 F에 2가 들어가야 한다.

5가 들어가야 할 자리는 E의 가로줄에 이미 5가 있으므로 C에 5가 들어가고, 나머지 9는 E에 들어가게 된다.

2) 가로줄과 세로줄 푸는 방법

㉮의 가로줄 A, B에 들어가야 할 숫자를 찾아보자. ㉮의 가로줄에 들어가야 할 남아 있는 숫자는 8과 9이다.

A의 세로줄에 이미 8이 있으므로 B에 8이 들어가며 나머지 9는 A에 들어가게 된다.

㉯의 세로줄 C, D에 들어가야 할 숫자를 찾아보자. ㉯의 세로줄에 들어가야 할 남아 있는 숫자는 1과 5이다.

㉰의 작은 사각형에 이미 1이 들어가 있으므로 C

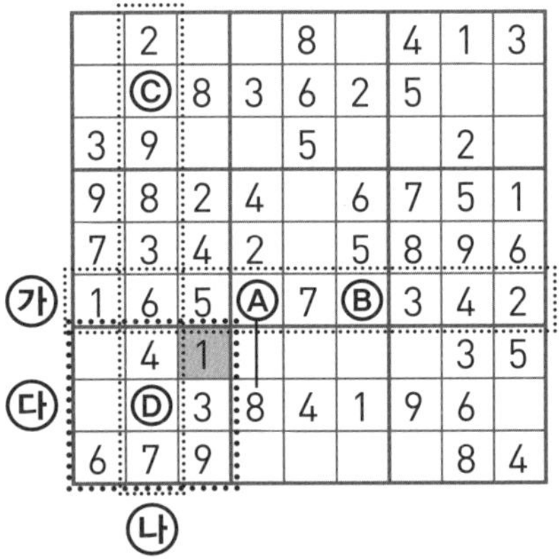

	2			8		4	1	3
	©8	3	6	2	5			
3	9			5		2		
9	8	2	4		6	7	5	1
7	3	4	2		5	8	9	6
1	6	5	Ⓐ	7	Ⓑ	3	4	2
	4	1					3	5
	Ⓓ	3	8	4	1	9	6	
6	7	9					8	4

㉮ (가), ㉯ (나), ㉰ (다)

에 1이 들어가며 나머지 5는 D에 들어가게 된다.

2. 후보 숫자 적어두기

초보자에게 가장 추천하는 방법 중 하나는 퍼즐을 풀다가 막히면 빈칸에 들어갈 후보 숫자를 모두 적는 것입니다. 이렇게 하면, 특정 칸에 들어갈 수 있는 숫자의 범위를 줄이는 데 효과적입니다. 예를 들어, 특정 빈칸에 7과 8이 넣을 수 있는 숫자라면, 그 칸에 작은 글씨로 적어두고 다른 숫자늘과의 관계를 살펴보세요. 각 칸에 적힌 후보 숫자를 통해 어떤 숫자가 들어갈 수 있는지를 파악할 수 있습니다. 이 과

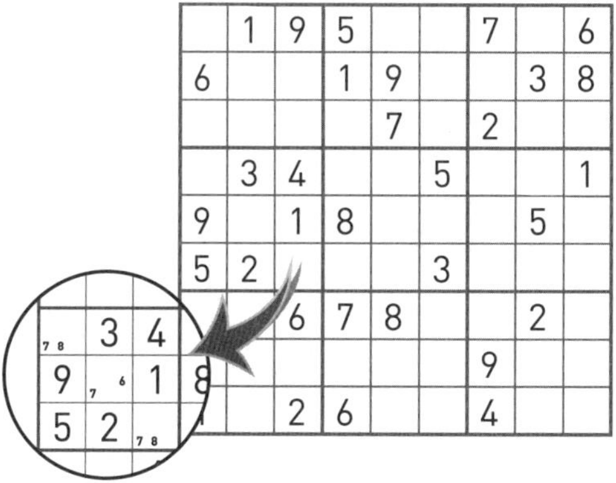

	1	9	5			7		6
6			1	9			3	8
				7		2		
	3	4			5			1
9		1	8				5	
5	2				3			
			6	7	8		2	
							9	
			2	6			4	

정은 처음에는 다소 번거롭게 느껴질 수 있지만, 반복하면서 훨씬 더 익숙해질 것입니다.

3. 적절히 휴식하기

스도쿠 문제를 풀다가 중간에 잠시 생각을 멈추어 정리할 필요가 있습니다. 이를 통해 퍼즐 전체를 다시 검토하고 새로운 관점을 발견할 수 있습니다. 때로는 문제에 갇힌 상태에서 벗어나 잠시 휴식이 필요합니다.

4. 시간제한 두기

스도쿠 문제를 풀 때 시간을 체크하고 시간제한을 두는 연습을 합니다. 일정 시간 내에 퍼즐을 푸는 연습을 하면서 보다 효율적으로 문제를 해결하는 능력을 키울 수 있습니다. 초기에는 여유롭게 시간을 두고 생각하며 문제를 풀다가, 점차 빠른 속도로 문제를 해결하는 것을 목표로 하는 것입니다. 제한된 시간이 주어지면, 긴박감 속에서도 논리적인 사고를 유지하는 데 도움이 됩니다.

5. 다양한 난이도 도전하기

스도쿠를 더욱 잘 풀기 위해서는 다양한 난이도의 퍼즐을 시도하는 것이 중요합니다. 쉬운 문제부터 시작하여 점차 어려운 문제로 넘어갈 때 자신의 발전을 느낄 수 있습니다. 초기에는 쉬운 문제로 감을 익히고, 중간 및 어려운 난이도로 넘어갈 때는 보다 분석적인 사고가 필요하다는 것을 깨닫게 될 것입니다. 이렇게 하면 스도쿠에 대한 자신감을 키우고, 실력을 단계적으로 증진시킬 수 있습니다.

이 책은 난이도에 따라 ★(쉬움), ★★(보통), ★★★(어려움)으로 구성되어 있습니다.

※ 스도쿠는 단순한 숫자 퍼즐이 아니며, 깊은 사고와 전략적 접근이 필요한 도전적 게임입니다. 초보자라 하더라도 앞에서 언급한 방법을 통해 문제 해결 능력을 기를 수 있습니다. 한 문제씩 차근차근 풀어보며, 스도쿠가 주는 재미와 보람을 느껴보길 바랍니다. 지적으로 도전하는 과정을 통해 머리도, 마음도 한층 성장하게 될 것입니다. 스도쿠를 통해 문제 해결 능력을 기르고, 삶의 여러 도전들에 대해 보다 자신감 있게 접근할 수 있기를 기원합니다.

SUDOKU

001

★☆☆

7	8		1	5	4		3	
1	3			6	9		8	
		9		8	7	1		
	4	6						
8		7	6	3			2	9
5	2	3		9	1		6	7
				4			5	1
	9	5			6	2	7	
4			5	7	2	3	9	8

정답은 **130쪽**에 있습니다.

SUDOKU

002

★☆☆

	1			2	3	4		8
7	3		1		8			6
8	2	6	9	4	7	5	3	
2			4					3
3		1	5		2	9		
9	7							2
	8	3	7	9	4	6	2	
6	9	2		3			1	
			2		6	3		9

정답은 **130쪽**에 있습니다.

SUDOKU

003

★☆☆

	1		4	8				3
		4		5	9		6	8
	7	8			3	1		
	5	9	2	6	8			
6		1					2	4
3		7		1		5	8	6
			5	9	6	8		7
8	6		3		2	4		
	9	3	8	4		6	5	2

정답은 **130쪽**에 있습니다.

SUDOKU

004

★☆☆

8	5				3			2
	1	3	2					
	2		7			8	3	5
1		5	3		2	6		
2	6	9	5	1			7	8
	7		9	6	8		5	
7	3	2	4	5	6	1	8	
	4	1	8	3		5		
	9	8						3

정답은 **130쪽**에 있습니다.

SUDOKU

005

★☆☆

3		9	5	7			6	
6	8					3	7	5
		5		8				
			7	2	3	5	9	
		1	6		8			
9	3	2	1	4	5	6		
	1			6	9	2		3
	9	3	8		1	7	4	6
5	4	6	2	3				9

정답은 **131쪽**에 있습니다.

SUDOKU

006

★☆☆

1	9			6	3		2	
2			8				3	
	3		2			4	1	
8	1	2	9					
9	4	3	6	7			5	
5	7		1		8	2		4
4		5	3	2	9	1	7	6
3			7		1	5	4	
7			4	5		9		

정답은 **131쪽**에 있습니다.

SUDOKU

007

★☆☆

5	6	2		8			7	4
3								
		1		6			9	8
	4					9	1	3
1	5	8	6			2		
7		3		2	4	8	5	
9	1			4	8	6	3	
6			3	5	1	7		9
		5	7	9	6	4	2	1

정답은 **131쪽**에 있습니다.

SUDOKU

008

★☆☆

3			7	1	9	2		
		4		2		5		8
	7		5		8	3		1
			6		4	8	1	
4			9		7	6		5
	6	8	2	5	1	9	3	
6	5		4					9
1	2	7	8			4		
	4	9		6	3	7		2

정답은 **131쪽**에 있습니다.

SUDOKU

009

★☆☆

1	7			6	4	9	5	8
4		8	7		5			1
9		3	2			6		
2			1			8		
7	9			8	3	5		4
5	8	6						
6	2		8	4		3		5
8	4	7	5		2	1		6
				7	6	4	8	

정답은 **132쪽**에 있습니다.

SUDOKU

010

★☆☆

		2				7		8
1		3	2		8		9	4
8			1	7	6	3		
4				9		2		3
			3	8		4	5	7
3			5	4				9
		8	7	1	3	9	4	6
7	4	1	9		5		3	
6	3	9					7	1

정답은 132쪽에 있습니다.

SUDOKU

011

★☆☆

		8	7					
9		5	3		1		7	4
			5	8	4	9	2	3
		6	9	1			3	
	3		6					
4	5	1	8			6	9	7
5	9	4		7		3	1	8
8				5	3	7		9
6	7	3	1				4	2

정답은 132쪽에 있습니다.

SUDOKU

012

★☆☆

9		7		2	8			
8					1		9	5
		1	9				3	8
	7	5						
	9		6	7	2	8		3
		8	3	4	5	9	1	7
6	1	9	7			3	8	2
	4	2	8	1	3	6		
7	8		2		6			1

정답은 **132쪽**에 있습니다.

SUDOKU

013

★☆☆

1	7	4	8		3	9		
				7				3
3	8	5			1	4	6	
					7	6		8
	2	7			8	1		5
	3	8	1	2	6	7	9	
7	4	2		1	9			
8	1			3	2			
9	5	3			4	2	7	1

정답은 **133쪽**에 있습니다.

SUDOKU

014

★☆☆

	2			7				4
1	7	3		9	4		8	5
4		8			3			
2	8					9	5	7
	5	7	9	2	1	4	6	
	9	4			7		3	
	4	6	7		9		2	
	1	9	8	6			4	3
			4		5	8	9	6

정답은 **133쪽**에 있습니다.

SUDOKU

015

★☆☆

	3	9					8	
2	8					7	9	6
4	5		8		9		1	
						2		
3	4	5	2	6	1		7	
	6	2	7			1		5
	2	8	3	1		4	5	9
5			9		2	6	3	7
9	7	3	6	5				1

정답은 **133쪽**에 있습니다.

SUDOKU

016

★☆☆

				9	4	3	1	5
1	4			6	3	9		8
7				1	8		2	
2		8	3				6	
	9	7	1			8	4	
		4	8		2	1		
6		2		8	1			9
4	7	1	9				8	
9	8	3		2		4	5	1

정답은 133쪽에 있습니다.

SUDOKU

017

★☆☆

		4		6	2		9	
		9	8	4		7	2	6
				3				
		3		7		2		
9	7		2	5	6	3	8	
2		8	3	1	4		5	7
	9		4	2	1			5
4		2	6				3	9
8	1	7	5	9			4	2

정답은 **134쪽**에 있습니다.

SUDOKU

018

★☆☆

		4	5		9			
5			7		2		4	3
						5		
	2		9			4		7
9		5	6		8	1		2
7	6	3	1	2	4	9		
6	8	2	3	9	5	7	1	
3	5			4	7		8	
4	7	9			1	3		5

정답은 **134쪽**에 있습니다.

SUDOKU

019

★☆☆

	9		5	1	6		8	2
	1		4			9	5	7
5	3		2		7		6	4
	6			2				9
		4		8				
2	7	3		6		8	1	
		6	3		1		9	8
3	2	5	8	7	9	6	4	
1				4		5	7	

정답은 **134쪽**에 있습니다.

SUDOKU

020

★☆☆

4	7	3		5		8		6
	1	2			6	4	3	
			2	3			1	
3	5		8	4			6	1
7	2		3	6				
1		6		2	5		8	7
2	9	7			3	5	4	
8			5	9	2			
5		1			8	6	9	

정답은 **134쪽**에 있습니다.

SUDOKU

021

★☆☆

1		9		4		3	2	7
				5			8	
2	4	8		7	3		5	
	1		5	3	4	7		9
	3	6	7		2			
4	7	5	9	8	6			
		1	4		7	6	9	
6			8			1		
5		4	3	6	1		7	2

정답은 **135쪽**에 있습니다.

SUDOKU

022

★☆☆

	7					8		4
						2	1	
1	8	4		7			5	9
8	3	5	2	4		1		6
	1	9	8	3	6			5
	2	6	5			3	9	
3		7	9			5	8	1
9	5	1			3		4	2
		8	7				6	3

정답은 **135쪽**에 있습니다.

SUDOKU

023

★☆☆

	6				2		7	
	7	8	9		3		1	
	3				6	9		4
	2		3	8		4	9	
9	1	4	6		7	8		
	5	3	1		4	7		6
		1			9		4	7
5	4		2	6	8	1	3	9
		2	4	7	1			

정답은 **135쪽**에 있습니다.

SUDOKU

024

★☆☆

4	8		1	9	6		3	
6		3	7	4			9	
1				3		6		7
	1	2	8	5	4			
		5			9			
8			6	2	7	9		
3		6		7	2	4		
2		8	9	6			5	3
5	7	1			3	2	6	9

정답은 135쪽에 있습니다.

SUDOKU
025
★☆☆

		8				3		
			5		9	8	6	7
		6	4			1		5
2			1	3				6
	5	3	8	6	7	4		2
				9			8	
1	3	5		4			9	8
6			2	9		8	7	5	1
8	7	9	2	1	5	6		4

정답은 **136쪽**에 있습니다.

SUDOKU

026

★☆☆

			4		6	9	7	3
3								5
			3	2	5			8
7					4	5	6	
1		4	6	5	9			7
6	8			3		1	9	4
8	3		2	4	1	7	5	9
9				6	3	2		1
2	5	1	9			3		

정답은 **136쪽**에 있습니다.

SUDOKU

027

★☆☆

8	2	1	9	3		6		
	6		1	2	4	5		8
						1	2	
	1			4			6	
	9		6	8	7	2	4	
6	4	7	2				5	9
5				6	8	4	1	2
4	7	2	3			9	8	
1	8		4		2			

정답은 **136쪽**에 있습니다.

SUDOKU

028

★☆☆

3		9	4			7		6
6		7			2		4	
4					6	8	3	9
	6			4			8	2
	7	8	6			4		5
5	3	4	9					7
1		3	7		4	2	6	8
	4		8		9			3
8	5		2	3	1			4

정답은 **136쪽**에 있습니다.

SUDOKU

029

★☆☆

	5	2		3	7			4
8		1					3	
	3							8
				6				7
		4	1	7	3	8	5	6
7	6			2	8	3	1	
2	4	3	7	9	6	5	8	1
5	8		3	1			7	2
1			5	8			4	3

정답은 **137쪽**에 있습니다.

SUDOKU

030

★☆☆

5	1		9	2				8
	3				7	5		
7	6	2		3	8	9		
8	9	1	2	6				7
3					1	6		
2	4		7	5			9	1
4	5			8		1	6	9
6			4	1	5			3
1		3	6	7		4		

정답은 137쪽에 있습니다.

SUDOKU

031

★☆☆

	1	3				7	9	4
		6		7	9		8	
		9	8	4				
	9		4	3	7		6	5
3		8	2		6	9	4	7
7		4		8	5		2	
1	4			9	8	3	7	6
	8			2			1	
9			1	6		2	5	

정답은 **137쪽**에 있습니다.

032

★☆☆

		9	6		4			5
	1	2	7	3		4	6	
		6			8	3	7	1
					3	9	8	7
6	7		2					4
9					7	2		6
	4		3	7		1		2
3		1	4	9		7		8
	9	7	8	5	1		4	3

정답은 **137쪽**에 있습니다.

SUDOKU

033

★☆☆

	7	6	3	1		4		
	4		6	5				
9	2		7		8			6
		8		7		2		
2					3	9	6	
4		5	9		6	1	8	7
	5		8	9	1		3	4
1	6		5	3	7		9	
	8			6	4	7	5	1

정답은 **138쪽**에 있습니다.

SUDOKU

034

★☆☆

4				5		7	3	6
			4	2	7			9
	9		6	1	3		8	
	7					3	6	4
9	5	3		4	6	1		
2	6	4	7		1		9	5
	3	7	1	6	9	2		
		9		7	4		5	3
			3	8		9		

정답은 **138쪽**에 있습니다.

SUDOKU

035

★☆☆

		4	2			8		
			4	7	6	1		2
2			9	8	3	4	6	7
	5	8		9		2		
		6			7	5		1
	4	7				9		3
	3	1	7		8	6	9	5
5		2	6			3		8
	8	9	3	1		7	2	

정답은 **138쪽**에 있습니다.

SUDOKU

036

★☆☆

			2	7	8		3	6
3		7	6			9	8	
2			5			1		
	9		3	6				
5		6		2			9	1
4			1		9			3
7	2	5		1	6		4	9
6			9		7		1	5
9	1	3		5	2	7	6	8

정답은 **138쪽**에 있습니다.

SUDOKU

037

★☆☆

4				9			5	3
			6	4				2
	5	7		3		4		6
			9				3	
	4	6	2	5	1		8	
1		8		7		5	2	4
	1	4	5	2		9	6	7
6	7		8		9	3		
5	3	9	4	6		2	1	

정답은 **139쪽**에 있습니다.

SUDOKU

038

★☆☆

1	9		3		7	4		
2	7	3	6			1		
	6		9		5			
		8	1	9		5		4
5	1	6	8		4	2		3
	3	9		6	2		7	
				8		9	1	5
6		1	4	5	9		3	2
9	5		7		1			

정답은 139쪽에 있습니다.

SUDOKU

039

★☆☆

5		3	8	1				
7							2	1
	6	8	7		9			
	9	7	5	8			4	
6			2		1		8	3
				6	7	2	5	9
8		2	6	7	5		9	
9	3	6			2		7	
4		5	9	3	8	6	1	2

정답은 139쪽에 있습니다.

SUDOKU

040

★☆☆

	5		1	9	3	6		
		9		4		5	1	
1			5	2	8	3		7
						9	8	3
				5	9	7	2	1
8			3	7		4		6
3	8		4			2		9
9	1	4	2					
	2	7	9	8	5	1	3	4

정답은 **139쪽**에 있습니다.

SUDOKU

041

★☆☆

	8	4	6	7	2	5		9
2	1		8		9			
9	5	6	3				8	
	9			2	8			3
8	4		1		6	2		5
		2	5			1	9	
	7	9	2	3			4	
6	3	1	4		5	9		
			9	6	7		5	

정답은 **140쪽**에 있습니다.

SUDOKU

042

★☆☆

	4	2			5		9	8
6		1	8	3		2		4
		3	4		7		5	
							3	
		6	2	5			8	7
	7	5	9	8	3		6	2
2	1		3	6				9
8	3		5	9	2		1	
	6	9	1	7		8	2	

정답은 **140쪽**에 있습니다.

SUDOKU

043

★☆☆

	3	7		4	6		8	5
	5		1		9			
				5	8			
9		3	6	2			7	8
6		8		1	3	5	9	2
2	7			8	4	1		3
7	2			9		8	3	
		1	4		7	2		9
5	9	4				6	1	

정답은 **140쪽**에 있습니다.

SUDOKU

044

★☆☆

2		8	6	1	3			
				2	7	8		
3	5	1	8		9		2	
7						1	4	9
6				7	1	2	5	
8	1	4			5		7	
5	8	6			4			
	3	7	1	6		4	8	
	4	2	7	5	8		6	3

정답은 **140쪽**에 있습니다.

SUDOKU

045

★☆☆

4	7	5		8		2		9
	3	9	7			6	5	
			3	9	5			
		4	9	3		5	8	
1		2			7	4	6	
		8	2	6		1	9	7
6				7	3			
5	2	3			9	7	4	8
	4		5	2			1	6

정답은 **141쪽**에 있습니다.

SUDOKU

046

★☆☆

		4			3	7	6	
9		1	5			4	3	
3	6		4			2	5	1
			9		7	6		
6	7				5	1	9	4
	9	3		1		5	2	
2		9		6			4	
	8	6	3		4	9	7	2
7	4				2		1	6

정답은 **141쪽**에 있습니다.

SUDOKU

047

★☆☆

		6	3		2		7	5
7	8							
4		5	6	1				
8	6		4		3	1	5	7
	1	7	2		8	9		
3		9	5	7	1		6	
9		8		2			1	4
6			8	3	4	7		2
	7	4		5		8		6

정답은 **141쪽**에 있습니다.

SUDOKU

048

★☆☆

	2	1				7		3
		8			3		4	2
5		3		4			6	8
1		7		6	2		9	
	5	4			9			
	9	2	8		4	3		
8	3	9	6		7	5	1	4
			4	3	5	8	2	
		5	1	9	8		3	7

정답은 **141쪽**에 있습니다.

SUDOKU

049

★☆☆

		4		5	2			
7		2				1	5	8
1	9	5	7		3		6	2
				1		9	3	
3			4	7	5	2	8	
4	8	6	2		9	5		7
		1			4		2	
5	4		8			6	7	
6	2			9	7	3	4	

정답은 **142쪽**에 있습니다.

SUDOKU

050

★☆☆

				6	5			
9	8	6		1		4		
1	5	7		4			6	
					3	7		4
	1	8			4		2	5
	7	4	2	8	9	1	3	6
2	6	3	4	9	1			8
8			7		6	2		1
	9	1			8	6	4	

정답은 **142쪽**에 있습니다.

SUDOKU

051

★☆☆

	3	8		5			7	9
4		5	1		7	2	8	
	7	2	8			5		
		6	7	4		3	2	8
2				1				7
9	4	7		2	8		5	
	2	1		8			9	5
		9	5				3	
7	5			3	2	8	6	1

정답은 **142쪽**에 있습니다.

SUDOKU

052

★☆☆

			9		1	2	3	6
	2						7	
6	5	1	7					9
		6			4	9		7
	4	3		1		6	5	8
2	8		5	6	9	4		3
8						7	6	4
	6	2	4	3			9	1
	9	4	6		5	3	8	

정답은 **142쪽**에 있습니다.

SUDOKU

053

★☆☆

9				6	2		1	8
6		2		4			9	
			9					
3		8					7	9
	9		2	8		5	3	4
5	4			7	9	2		
4	7	9		5	8		2	3
	6	3		9	4	8	5	
8	5	1	7		3	9	4	

정답은 **143쪽**에 있습니다.

SUDOKU

054

★☆☆

9					4	5		6
				8	3		7	
				9		3	1	2
					8	1	9	
4		8	7	1		6	3	5
5	7		6		9	2	4	8
	8			2			6	1
6		2		4	7	8		9
7	5	9	8	6		4	2	

정답은 **143쪽**에 있습니다.

SUDOKU

055

★☆☆

8			1	9	5			
1	5				8	9		
4	9				7			5
9	8	4	3					
6			7	5		2	9	
	7		8		9	6	3	
3	1		4	8	2	5	6	
7	2			6	3		1	9
	4	6	9		1	8	2	

정답은 **143쪽**에 있습니다.

SUDOKU

056

★☆☆

1	8				4			7
	3	5			9			1
		9				5	8	2
	2			9	5			4
5	1	3	7	4	6	8	2	
9		4	2	3	8			
	6	2	4		1	7	9	5
		1		6		2	4	3
				5	2	6		8

정답은 **143쪽**에 있습니다.

SUDOKU
057
★☆☆

	1	6	3	2		8		
	2							5
3	7	5	9	8	1	4		
9		4			8		5	
2					3		4	8
6	8			1	5		2	9	3
1	4		5				9		7
5	6		8	7	9			2	4
			4	1	2	5		

정답은 **144쪽**에 있습니다.

66

SUDOKU

058

★☆☆

4	7	1	9	6	2			5
			5	8	3			
				7				
			7				8	6
	3	8	1		6	5	9	4
1		6	8		9		7	
				9	4	3		7
9	1	7	3	5			6	
3	2	4	6	1	7	9	5	8

정답은 **144쪽**에 있습니다.

SUDOKU

059

★☆☆

7	8		1	5		3		
	1		4	2				
4	3				8	1	2	5
8				1	4	9		
	4		7		5		8	
9		5	3	8			1	4
		8	5	6			3	9
6	9		8	3		5		
1	5	3		4		2	6	8

정답은 **144쪽**에 있습니다.

SUDOKU

060

★☆☆

2		8			3			
	1						2	
	5	9		8	7	3	1	
4	3		8				9	
7	2	1		3			6	
	9	5		4	6	2		1
	6	7	3	9	4	5	8	2
5	8	3	1		2			9
		2		6	8		7	3

정답은 **144쪽**에 있습니다.

SUDOKU

061

★★☆

1	7		6		8			3
		2		1		9	6	
		6				1		7
				8	6	4	3	
		4		3	2	7	1	6
	6	3	4		1		8	
9	4			6			5	2
	2	1		5				
7		5			4	6	9	1

정답은 **145쪽**에 있습니다.

SUDOKU

062

★★☆

8		1						
		3	1	2		4		
9	4			8		1		
1			2	3	4		9	5
					8		2	1
2		9	7				8	4
	1	5	3		2	8	4	9
4	9	2		1				3
	3	8	9	4			1	

정답은 **145쪽**에 있습니다.

SUDOKU

063

★★☆

4		3			7		6	
9			5			3	4	2
	6			3		1	7	9
		1					8	6
3		2			8			7
		6		5	9		1	3
1			6		3	7		5
6				7		8		
2	7	9	8	4		6	3	

정답은 **145쪽**에 있습니다.

SUDOKU
064

★★☆

5	8		1	9	6			
		4		3				
1			2	4		6	5	7
	4	6				3		
			9	6	3			5
	5				1			2
4			6		7	5	3	8
3		5	8	2	4	7		6
6			3	5		2	1	

정답은 **145쪽**에 있습니다.

73

SUDOKU

065

★★☆

	8		1	2		6	7	4
		7				8	1	9
6	4				9			3
7		9		5		4	6	2
				6		7		
4		8					5	
8	9					2	4	5
2	5		4		8	1	3	
1	7	4			5		8	

정답은 **146쪽**에 있습니다.

SUDOKU

066

★★☆

	9	7			1	2	8	
8	3	1				5	4	
			5				1	9
	5	9	7	4	3	1		
	4	8			5		3	
7		3	6		8		5	
3						4		
	8	5	3	7	4	6	2	
1	6	4	2					

정답은 **146쪽**에 있습니다.

SUDOKU

067

★★☆

9	6			8	3		2	7
	2	7			9	8		
							6	9
4		1				2	5	8
		3	5			1	7	
	5	2			7	9	3	4
2	8							
1	3			5			9	2
7	4	5	3	9	2	6		

정답은 **146쪽**에 있습니다.

SUDOKU

068

★★☆

4		5		6			7	
	1		5		2			9
					9			1
1	4					8		
	8		2	3	1		5	4
		3	6		4		9	
9	5		3	1		4		7
3			7	2	8			5
7	2	1	4		5		8	6

정답은 **146쪽**에 있습니다.

SUDOKU

069

★★☆

6		7						
					5		2	7
5			7		9	6	1	8
			8		6			
1		2				3	8	6
8	5	6	3			9		1
	9			2	1	8	4	5
4	8	1	5			7		
2	6		4	7			9	3

정답은 **147쪽**에 있습니다.

SUDOKU

070

★★☆

4	6		8			3		2
8		2			1			5
	5					8	4	
				9		1	3	8
2		8		3		6	5	9
3		6	1	8	5			
9	4	3			2		8	
			3	1	9	2	6	4
	2			7		5		

정답은 147쪽에 있습니다.

SUDOKU

071

★★☆

	1			2	6		7	8
	6			5			4	
2		8					9	5
	8	6	5	4	9	7		
4	3	5						6
				6	3	1	5	
8		1	6	9	2	4	3	7
7		4	3					
	9			8		5		2

정답은 **147쪽**에 있습니다.

SUDOKU

072

★★☆

4	6	3		7	2		1	
8				1		7		
1		2	8		3		4	6
		7		9				
5				3		6	9	4
3		9		6	4	2	7	
		6		4				2
	3			2	1		6	9
2		4		8	9	1		

정답은 **147쪽**에 있습니다.

SUDOKU

073

★★☆

			9	6		2	4	3
	6	3	4				9	
	4	9			2			5
	7				5		1	
		1				4	3	7
		6	1	4		5	2	
	2				3	9	5	
6				2	9	3	8	4
	3		6	8	4	1		2

정답은 **148쪽**에 있습니다.

SUDOKU

074

★★☆

	1		5					8
	8	2	1	6				3
4			2		8	1	6	5
	3	4		2		5		
2	6			4			3	1
8	7	5						4
6	5						9	
		8			3	4		7
3	4		9	5	2		1	6

정답은 **148쪽**에 있습니다.

SUDOKU

075

★★☆

6	1							8
7	9	5	1	8		2	4	6
2			7		6	5		
3	4					9		
	2	6		7		8	3	4
5				3			6	2
	3	1	8		2		5	7
				5	7			1
		7		1	4	6		

정답은 **148쪽**에 있습니다.

SUDOKU

076

★★☆

7	8		1	2		9		
	3						2	7
	9	4				6		1
	5		3	7			6	
		2		6	8	5	3	
8			9	5			1	4
	2				6			5
9	4		2	3				6
6	1			9	4	3	7	2

정답은 **148쪽**에 있습니다.

SUDOKU

077

★★☆

7		2		9			3	4
	4			2	6		8	7
6	5				3	9	1	2
1		4			7			9
				8		1	4	6
5	8		9		1	2		3
	6			3		4		
3		9		5			6	
4						3	2	8

정답은 **149쪽**에 있습니다.

SUDOKU

078

★★☆

						3		6
1			2	9	6			8
			7					
2						8	6	
			8	4			3	9
8		1	5	6	9		2	4
3	4	2	9			6	5	7
		5	4	7	3			1
7	1	9	6		5		8	3

정답은 **149쪽**에 있습니다.

SUDOKU

079

★★☆

					3			5
3				6	9			2
4		6			7		1	
	6	5		9			4	1
8			6	2			7	9
2	1	9	4		5	8	3	6
	3		7	1	2	6	9	
6	2	1					5	
		4	5					8

정답은 **149쪽**에 있습니다.

SUDOKU

080

★★☆

		5						
	9		3					
	3	4			7	1	6	
	1	8				9	2	
6		3	8	9			1	4
4	2	9	7		5		3	
9		1		3		6	7	
	6		5		9	4	8	1
8		7	4		1	2	9	

정답은 149쪽에 있습니다.

SUDOKU

081

★★☆

9	1	8			5			
					1	9	2	
2				9			7	
3		1	4		8		5	2
8		5		7				
		2	1			3	8	4
1	8			3	6	5	4	7
4		3	5			8		
	5		9	8	4	2		1

정답은 **150쪽**에 있습니다.

SUDOKU

082

★★☆

	8		5		2			4
1	2	9				5		
4	6				8			
8			9	4				6
			2	1		9		8
	5	6	8			2	4	1
2	9				1	8	6	3
6	3	1	7		9		2	
		8	6				7	9

정답은 **150쪽**에 있습니다.

SUDOKU

083

★★☆

	6		4		3		7	
4	1	7			6	2		8
3						5		
	4		3		9			
		3	8	6		4		7
8	7	6	2					
2	3	5			8	7	9	1
7		4	9		2		5	
	9		7	3		8		2

정답은 **150쪽**에 있습니다.

SUDOKU

084

★★☆

5				9	4	2	1	6
8	2			7	6	3		
1		4		3				
		7	6		1		2	5
			9	4				8
	4	8			3	9	6	
		2	5	6	7		9	3
	1	5		2				7
	3	6	4			5		

정답은 **150쪽**에 있습니다.

SUDOKU

085

★★☆

2		1	9			3	7	
		7	2	8				5
4	8	5	6	7		1		
6	2							4
	7	9		3	8		1	
	4	8		6	2	9		
			3		7			6
	9		8		5			1
	5	2		9	6	8		7

정답은 **151쪽**에 있습니다.

SUDOKU

086

★★☆

6		8		5				
9					7			2
7	1	3		2	9	6		4
		6			3		7	8
	8					3		
3	7		9					
5				9		2	4	
2	4	9	6	1	5	8	3	
8		7	4		2	9	1	5

정답은 **151쪽**에 있습니다.

SUDOKU

087

★★☆

		5	3					
		6			2	7		
4	3	7		8	1			
	9			2	5	4		6
1	5	8	7	4		3	2	
6		2		3			5	
3	7			5		1	6	
			4		3	9	7	
	6	4	9	1	7	5		

정답은 **151쪽**에 있습니다.

SUDOKU

088

★★☆

	1	6	2		9	4	5	7
2		5				8	9	
9		7	4			6		
			1				3	9
6	7						4	8
3						7	1	
4	6	8	3	5	1			2
1		9	7			3		4
					4	1	6	5

정답은 **151쪽**에 있습니다.

SUDOKU

089

★★☆

				2	6		1	7
	1	9	5		7			
	7		1	8	4		2	
6	9		2					
5		3		4				8
	4	1		5	3	7	9	2
7			3		2	4		
1		2	4		5	6		9
9	5	4				2		

정답은 **152쪽**에 있습니다.

SUDOKU

090

★★☆

	1			2			3	
4	9			3	6			2
	3				8			4
	8	2		1				5
		4	2	8			1	7
	7			5	4		8	6
9	2	7	8					
5		1	9	7			2	8
		3	5	4	2	7		1

정답은 **152쪽**에 있습니다.

SUDOKU

091

★★☆

1	2		7		9		5	6
	9						2	7
				6		4		
							6	
4	7				6		3	5
5	8	6	3	9		7		
	4		6		8		1	2
8	1		9		5		7	
	6	2	1	4	7	5	8	3

정답은 **152쪽**에 있습니다.

SUDOKU

092

★★☆

2			6		1	5		4
	4		5				3	1
			4		3			8
3	1	7	2			9		
	9			3		2	7	6
6	2				7		1	3
	6			1				
	3	5	7		6	1	4	
		1	8	4	5	3		2

정답은 **152쪽**에 있습니다.

SUDOKU

093

★★☆

	6						2	5
9	7							1
4		5			6		8	
		2	4				9	
5		4	2	6		3	7	8
8	3		5	7		2	1	
			6	3	7		5	2
			9		8	1	6	
		7	1	2		8	3	9

정답은 **153쪽**에 있습니다.

SUDOKU

094

★★☆

		7						
4	8			1	5			9
		5	6	8	7			
9		2	3	6	1		7	8
	3		7	4			9	6
6	7	4	5	9		3		
8		3						7
7			8	5	3	1		4
	2			7		9	8	

정답은 **153쪽**에 있습니다.

SUDOKU

095

★★☆

8		4	3				6	5
3	6	1			7	8	2	
	2	7	6		4		9	
1		8				6		
					5		1	7
	5				3	2	4	
			9			1		2
4	1	2		3	6		8	9
7	8		2				3	6

정답은 **153쪽**에 있습니다.

SUDOKU

096

★★☆

8	3					4		5
			5		7	3		
	9		6		3	2		7
6	4	8			9		5	
	7				1			
3	5		4		6			
	2		1	9		8	7	6
4	8	9	7	6		1	3	
7	1	6		2				4

정답은 **153쪽**에 있습니다.

SUDOKU

097

★★☆

		6				2	4	9
		9		2	8	1		
		1	7		4		6	
7		4	3			9		
		2		8			3	
3	8	5	4		9			1
			8	4	5		1	3
	5		2	3		4		7
6	4	3		7	1		5	

정답은 **154쪽**에 있습니다.

SUDOKU

098

★★☆

			9			6		8
9	4							
		7	3	8				1
1	3				6	7	2	9
	8		2	3		5	1	6
	6			1	9			3
8		1		7			6	
5			6	2	8	1		4
4				9	1	3	8	2

정답은 **154쪽**에 있습니다.

SUDOKU

099

★★☆

3		1	7					5
		5		1	3	4	7	9
9						1		
7		8			4	5		
6		3				2		7
	1	2	6	9	7	3		
1		9		5				
8	5				6	9	1	3
4	3	6		7		8		2

정답은 154쪽에 있습니다.

SUDOKU

100

★★☆

8	4		3		6			
5			4	2		1		
	7	2		1		4	5	
4	8	7			3		1	
						6	7	4
2		5	7	4		8	3	9
	5	3	1	6	4	7		
	2	8			5		4	
		4	2	3				

정답은 **154쪽**에 있습니다.

SUDOKU

101

★★★

	9	4				5		
	7	8			1	2		
		5			2		7	8
					6		8	5
		3		1	5			
	5		9			1	3	
	6				7			
9								1
	4	1		5	9		6	2

정답은 **155쪽**에 있습니다.

SUDOKU

102

★★★

	2			4	7		3	
	9					7		
				3	9			
	3		6		8			7
						3	9	6
1							4	
8			3					5
7	5	2	9	8		6	1	
				6		2	8	9

정답은 **155쪽**에 있습니다.

SUDOKU

103

★★★

		8		5	7		9	
						1	5	4
5			4		1			7
		5		4			7	
1	8			7		5	6	9
				1	6			
9	7				5			3
		6	7	2	4			
								5

정답은 **155쪽**에 있습니다.

SUDOKU

104

★★★

9		1						
		3		4	5		8	
								4
				7		2	5	3
				8	1			
	9	7	5	2	4			
				1	8	6	4	
	2	6	9		7	3		8
	5				6			9

정답은 **155쪽**에 있습니다.

SUDOKU

105

★★★

4					5		3	
	2	8		4	9		7	5
			8	3				
			4		8	9		6
2	4	6		1				
				5				3
9								1
		2			4			
5	8	3	7				9	2

정답은 **156쪽**에 있습니다.

SUDOKU

106

★★★

				2				1
						2		
6							9	8
			9			1	6	
		1			7			
		3				4	8	
8	4	6		1		5	3	
3		7	5		9			6
1	5		6		8	7	2	

정답은 **156쪽**에 있습니다.

SUDOKU

107

★★★

					4			
	4	5		2	3			
	7		9				2	4
	3	9	6		5	1		7
7		4		3		5		
	8				7	9		
					2	3		8
	9			6				
	6	3	5				9	

정답은 **156쪽**에 있습니다.

SUDOKU

108

★★★

	8	6						2
		2	1	6	8	9	7	
5				4	9			
					6		8	4
						2		
			5	9				6
	1			8	5	6		9
	6					8		7
	9		6	3	7			

정답은 156쪽에 있습니다.

SUDOKU

109

★★★

				1				8
9						6		
1		3			2		4	5
	3	5		7		8	2	9
		7						6
							5	
	1			5		7		4
5	2	9			4		8	3
	4		9	3				

정답은 **157쪽**에 있습니다.

SUDOKU

110

★★★

1		5			2			
6	2		5	7			3	
			3	6				
			2	3		8		
	5					3		7
		6				2		
		2	6	9			4	
	4					9	6	5
				5	8	7	2	3

정답은 **157쪽**에 있습니다.

SUDOKU

111

★★★

	1	5					8	
		9						
3		7		6				2
	9		6					5
		6	4					3
	3			9	2	8		
	5		7	2	8		6	1
1	6	8		4				
						9	4	8

정답은 **157쪽**에 있습니다.

SUDOKU

112

★★★

					7	1		9
			1			4	7	
							2	
	4			9	3	6		
	3	9			5		1	
			2		1			8
		3	5			7		
7	2		3	1		8	9	
4			9			3		1

정답은 **157쪽**에 있습니다.

SUDOKU

113

★★★

	9				8	3		
				6		4		
1		5					6	8
5								6
	1	7				5	9	3
		3				8	7	
		2			5	1	3	9
7	5			3	4	6		
			6	9				

정답은 **158쪽**에 있습니다.

SUDOKU

114

★★★

5		1		8	7			
		2				4		
8			6				5	
		7			6			3
		8		5			1	
			4	3				7
	8	5		2		7		
9	6						8	1
	2	3		6	1		4	

정답은 **158쪽**에 있습니다.

SUDOKU

115

★★★

		4	1					9
8					9	1		2
1			8		7	3		
		3	5				8	
	5			1	4	6		
			9				1	5
	4		7	9				
		9			1	7		
3				8		4		1

정답은 **158쪽**에 있습니다.

SUDOKU

116

★★★

6		2	3					9
	8	5				2		
		3	2	1				
	7							
			5	2	7	8		4
2			4			7	5	
				8		4	1	
	2	1		7	3	6		5
		6			2			

정답은 158쪽에 있습니다.

SUDOKU
117
★★★

📅 _____   ⏰ _____

2		4						
	1			4		5		
9	6			3		7		
			9		2		6	
		7	8					
	4						7	1
1			6		3	9		
4	9			8	7	1	3	6
3		6				2		

정답은 **159쪽**에 있습니다.

SUDOKU

118

★★★

	6	1	8	2				5
3	2				9	4		6
					6	1		
	1			6		7		
	7							
2			3		5		4	1
8	5		6					4
1					8		3	
	3	2					9	

정답은 **159쪽**에 있습니다.

SUDOKU

119

★★★

1		3		5		6		
2		6		3				
5	8						4	1
7		1						
		4			7	2	9	8
	6				9		7	
6					5	9		4
	1		7				3	
					1	7	5	

정답은 **159쪽**에 있습니다.

SUDOKU

120

★★★

	1	8	2					5
2			6	4			1	
				5				
	2		4		7		6	8
4			3	2			7	
9							5	2
	7				1		9	
				6		5		7
5		2			4			6

정답은 **159쪽**에 있습니다.

001

7	8	2	1	5	4	9	3	6
1	3	4	2	6	9	7	8	5
6	5	9	3	8	7	1	4	2
9	4	6	7	2	8	5	1	3
8	1	7	6	3	5	4	2	9
5	2	3	4	9	1	8	6	7
2	7	8	9	4	3	6	5	1
3	9	5	8	1	6	2	7	4
4	6	1	5	7	2	3	9	8

002

5	1	9	6	2	3	4	7	8
7	3	4	1	5	8	2	9	6
8	2	6	9	4	7	5	3	1
2	6	8	4	7	9	1	5	3
3	4	1	5	8	2	9	6	7
9	7	5	3	6	1	8	4	2
1	8	3	7	9	4	6	2	5
6	9	2	8	3	5	7	1	4
4	5	7	2	1	6	3	8	9

003

5	1	6	4	8	7	2	9	3
2	3	4	1	5	9	7	6	8
9	7	8	6	2	3	1	4	5
4	5	9	2	6	8	3	7	1
6	8	1	7	3	5	9	2	4
3	2	7	9	1	4	5	8	6
1	4	2	5	9	6	8	3	7
8	6	5	3	7	2	4	1	9
7	9	3	8	4	1	6	5	2

004

8	5	7	6	4	3	9	1	2
9	1	3	2	8	5	7	4	6
4	2	6	7	9	1	8	3	5
1	8	5	3	7	2	6	9	4
2	6	9	5	1	4	3	7	8
3	7	4	9	6	8	2	5	1
7	3	2	4	5	6	1	8	9
6	4	1	8	3	9	5	2	7
5	9	8	1	2	7	4	6	3

005

3	2	9	5	7	4	1	6	8
6	8	4	9	1	2	3	7	5
1	7	5	3	8	6	9	2	4
4	6	8	7	2	3	5	9	1
7	5	1	6	9	8	4	3	2
9	3	2	1	4	5	6	8	7
8	1	7	4	6	9	2	5	3
2	9	3	8	5	1	7	4	6
5	4	6	2	3	7	8	1	9

006

1	9	4	5	6	3	7	2	8
2	5	7	8	1	4	6	3	9
6	3	8	2	9	7	4	1	5
8	1	2	9	4	5	3	6	7
9	4	3	6	7	2	8	5	1
5	7	6	1	3	8	2	9	4
4	8	5	3	2	9	1	7	6
3	6	9	7	8	1	5	4	2
7	2	1	4	5	6	9	8	3

007

5	6	2	9	8	3	1	7	4
3	8	9	4	1	7	5	6	2
4	7	1	5	6	2	3	9	8
2	4	6	8	7	5	9	1	3
1	5	8	6	3	9	2	4	7
7	9	3	1	2	4	8	5	6
9	1	7	2	4	8	6	3	5
6	2	4	3	5	1	7	8	9
8	3	5	7	9	6	4	2	1

008

3	8	5	7	1	9	2	4	6
9	1	4	3	2	6	5	7	8
2	7	6	5	4	8	3	9	1
5	9	2	6	3	4	8	1	7
4	3	1	9	8	7	6	2	5
7	6	8	2	5	1	9	3	4
6	5	3	4	7	2	1	8	9
1	2	7	8	9	5	4	6	3
8	4	9	1	6	3	7	5	2

009

1	7	2	3	6	4	9	5	8
4	6	8	7	9	5	2	3	1
9	5	3	2	1	8	6	4	7
2	3	4	1	5	7	8	6	9
7	9	1	6	8	3	5	2	4
5	8	6	4	2	9	7	1	3
6	2	9	8	4	1	3	7	5
8	4	7	5	3	2	1	9	6
3	1	5	9	7	6	4	8	2

010

5	6	2	4	3	9	7	1	8
1	7	3	2	5	8	6	9	4
8	9	4	1	7	6	3	2	5
4	1	5	6	9	7	2	8	3
9	2	6	3	8	1	4	5	7
3	8	7	5	4	2	1	6	9
2	5	8	7	1	3	9	4	6
7	4	1	9	6	5	8	3	2
6	3	9	8	2	4	5	7	1

011

3	4	8	7	2	9	1	5	6
9	2	5	3	6	1	8	7	4
1	6	7	5	8	4	9	2	3
2	8	6	9	1	7	4	3	5
7	3	9	6	4	5	2	8	1
4	5	1	8	3	2	6	9	7
5	9	4	2	7	6	3	1	8
8	1	2	4	5	3	7	6	9
6	7	3	1	9	8	5	4	2

012

9	3	7	5	2	8	1	6	4
8	2	6	4	3	1	7	9	5
4	5	1	9	6	7	2	3	8
3	7	5	1	8	9	4	2	6
1	9	4	6	7	2	8	5	3
2	6	8	3	4	5	9	1	7
6	1	9	7	5	4	3	8	2
5	4	2	8	1	3	6	7	9
7	8	3	2	9	6	5	4	1

013

1	7	4	8	6	3	9	5	2
2	6	9	4	7	5	8	1	3
3	8	5	2	9	1	4	6	7
4	9	1	3	5	7	6	2	8
6	2	7	9	4	8	1	3	5
5	3	8	1	2	6	7	9	4
7	4	2	5	1	9	3	8	6
8	1	6	7	3	2	5	4	9
9	5	3	6	8	4	2	7	1

014

9	2	5	6	7	8	3	1	4
1	7	3	2	9	4	6	8	5
4	6	8	1	5	3	2	7	9
2	8	1	3	4	6	9	5	7
3	5	7	9	2	1	4	6	8
6	9	4	5	8	7	1	3	2
8	4	6	7	3	9	5	2	1
5	1	9	8	6	2	7	4	3
7	3	2	4	1	5	8	9	6

015

7	3	9	1	2	6	5	8	4
2	8	1	4	3	5	7	9	6
4	5	6	8	7	9	3	1	2
1	9	7	5	4	8	2	6	3
3	4	5	2	6	1	9	7	8
8	6	2	7	9	3	1	4	5
6	2	8	3	1	7	4	5	9
5	1	4	9	8	2	6	3	7
9	7	3	6	5	4	8	2	1

016

8	2	6	7	9	4	3	1	5
1	4	5	2	6	3	9	7	8
7	3	9	5	1	8	6	2	4
2	1	8	3	4	9	5	6	7
3	9	7	1	5	6	8	4	2
5	6	4	8	7	2	1	9	3
6	5	2	4	8	1	7	3	9
4	7	1	9	3	5	2	8	6
9	8	3	6	2	7	4	5	1

017

7	8	4	1	6	2	5	9	3
1	3	9	8	4	5	7	2	6
6	2	5	7	3	9	4	1	8
5	4	3	9	7	8	2	6	1
9	7	1	2	5	6	3	8	4
2	6	8	3	1	4	9	5	7
3	9	6	4	2	1	8	7	5
4	5	2	6	8	7	1	3	9
8	1	7	5	9	3	6	4	2

018

8	1	4	5	3	9	2	7	6
5	9	6	7	1	2	8	4	3
2	3	7	4	8	6	5	9	1
1	2	8	9	5	3	4	6	7
9	4	5	6	7	8	1	3	2
7	6	3	1	2	4	9	5	8
6	8	2	3	9	5	7	1	4
3	5	1	2	4	7	6	8	9
4	7	9	8	6	1	3	2	5

019

4	9	7	5	1	6	3	8	2
6	1	2	4	3	8	9	5	7
5	3	8	2	9	7	1	6	4
8	6	1	7	2	5	4	3	9
9	5	4	1	8	3	7	2	6
2	7	3	9	6	4	8	1	5
7	4	6	3	5	1	2	9	8
3	2	5	8	7	9	6	4	1
1	8	9	6	4	2	5	7	3

020

4	7	3	1	5	9	8	2	6
9	1	2	7	8	6	4	3	5
6	8	5	2	3	4	7	1	9
3	5	9	8	4	7	2	6	1
7	2	8	3	6	1	9	5	4
1	4	6	9	2	5	3	8	7
2	9	7	6	1	3	5	4	8
8	6	4	5	9	2	1	7	3
5	3	1	4	7	8	6	9	2

021

1	5	9	6	4	8	3	2	7
7	6	3	2	5	9	4	8	1
2	4	8	1	7	3	9	5	6
8	1	2	5	3	4	7	6	9
9	3	6	7	1	2	5	4	8
4	7	5	9	8	6	2	1	3
3	8	1	4	2	7	6	9	5
6	2	7	8	9	5	1	3	4
5	9	4	3	6	1	8	7	2

022

6	7	2	1	9	5	8	3	4
5	9	3	4	6	8	2	1	7
1	8	4	3	7	2	6	5	9
8	3	5	2	4	9	1	7	6
7	1	9	8	3	6	4	2	5
4	2	6	5	1	7	3	9	8
3	6	7	9	2	4	5	8	1
9	5	1	6	8	3	7	4	2
2	4	8	7	5	1	9	6	3

023

1	6	9	8	4	2	3	7	5
4	7	8	9	5	3	6	1	2
2	3	5	7	1	6	9	8	4
7	2	6	3	8	5	4	9	1
9	1	4	6	2	7	8	5	3
8	5	3	1	9	4	7	2	6
6	8	1	5	3	9	2	4	7
5	4	7	2	6	8	1	3	9
3	9	2	4	7	1	5	6	8

024

4	8	7	1	9	6	5	3	2
6	2	3	7	4	5	1	9	8
1	5	9	2	3	8	6	4	7
9	1	2	8	5	4	3	7	6
7	6	5	3	1	9	8	2	4
8	3	4	6	2	7	9	1	5
3	9	6	5	7	2	4	8	1
2	4	8	9	6	1	7	5	3
5	7	1	4	8	3	2	6	9

025

5	2	8	6	7	1	3	4	9
3	1	4	5	2	9	8	6	7
7	9	6	4	8	3	1	2	5
2	8	1	3	5	4	9	7	6
9	5	3	8	6	7	4	1	2
4	6	7	1	9	2	5	8	3
1	3	5	7	4	6	2	9	8
6	4	2	9	3	8	7	5	1
8	7	9	2	1	5	6	3	4

026

5	1	2	4	8	6	9	7	3
3	6	8	1	9	7	4	2	5
4	7	9	3	2	5	6	1	8
7	9	3	8	1	4	5	6	2
1	2	4	6	5	9	8	3	7
6	8	5	7	3	2	1	9	4
8	3	6	2	4	1	7	5	9
9	4	7	5	6	3	2	8	1
2	5	1	9	7	8	3	4	6

027

8	2	1	9	3	5	6	7	4
7	6	3	1	2	4	5	9	8
9	5	4	8	7	6	1	2	3
2	1	8	5	4	9	3	6	7
3	9	5	6	8	7	2	4	1
6	4	7	2	1	3	8	5	9
5	3	9	7	6	8	4	1	2
4	7	2	3	5	1	9	8	6
1	8	6	4	9	2	7	3	5

028

3	1	9	4	8	5	7	2	6
6	8	7	3	9	2	5	4	1
4	2	5	1	7	6	8	3	9
9	6	1	5	4	7	3	8	2
2	7	8	6	1	3	4	9	5
5	3	4	9	2	8	6	1	7
1	9	3	7	5	4	2	6	8
7	4	2	8	6	9	1	5	3
8	5	6	2	3	1	9	7	4

029

6	5	2	8	3	7	1	9	4
8	7	1	6	4	9	2	3	5
4	3	9	2	5	1	7	6	8
3	1	8	9	6	5	4	2	7
9	2	4	1	7	3	8	5	6
7	6	5	4	2	8	3	1	9
2	4	3	7	9	6	5	8	1
5	8	6	3	1	4	9	7	2
1	9	7	5	8	2	6	4	3

030

5	1	4	9	2	6	7	3	8
9	3	8	1	4	7	5	2	6
7	6	2	5	3	8	9	1	4
8	9	1	2	6	4	3	5	7
3	7	5	8	9	1	6	4	2
2	4	6	7	5	3	8	9	1
4	5	7	3	8	2	1	6	9
6	8	9	4	1	5	2	7	3
1	2	3	6	7	9	4	8	5

031

8	1	3	6	5	2	7	9	4
4	2	6	3	7	9	5	8	1
5	7	9	8	4	1	6	3	2
2	9	1	4	3	7	8	6	5
3	5	8	2	1	6	9	4	7
7	6	4	9	8	5	1	2	3
1	4	2	5	9	8	3	7	6
6	8	5	7	2	3	4	1	9
9	3	7	1	6	4	2	5	8

032

7	3	9	6	1	4	8	2	5
8	1	2	7	3	5	4	6	9
4	5	6	9	2	8	3	7	1
1	2	4	5	6	3	9	8	7
6	7	3	2	8	9	5	1	4
9	8	5	1	4	7	2	3	6
5	4	8	3	7	6	1	9	2
3	6	1	4	9	2	7	5	8
2	9	7	8	5	1	6	4	3

033

5	7	6	3	1	9	4	2	8
8	4	1	6	5	2	3	7	9
9	2	3	7	4	8	5	1	6
6	9	8	1	7	5	2	4	3
2	1	7	4	8	3	9	6	5
4	3	5	9	2	6	1	8	7
7	5	2	8	9	1	6	3	4
1	6	4	5	3	7	8	9	2
3	8	9	2	6	4	7	5	1

034

4	2	1	9	5	8	7	3	6
3	8	6	4	2	7	5	1	9
7	9	5	6	1	3	4	8	2
1	7	8	5	9	2	3	6	4
9	5	3	8	4	6	1	2	7
2	6	4	7	3	1	8	9	5
5	3	7	1	6	9	2	4	8
8	1	9	2	7	4	6	5	3
6	4	2	3	8	5	9	7	1

035

7	6	4	2	5	1	8	3	9
8	9	3	4	7	6	1	5	2
2	1	5	9	8	3	4	6	7
3	5	8	1	9	4	2	7	6
9	2	6	8	3	7	5	4	1
1	4	7	5	6	2	9	8	3
4	3	1	7	2	8	6	9	5
5	7	2	6	4	9	3	1	8
6	8	9	3	1	5	7	2	4

036

1	4	9	2	7	8	5	3	6
3	5	7	6	4	1	9	8	2
2	6	8	5	9	3	1	7	4
8	9	1	3	6	5	4	2	7
5	3	6	7	2	4	8	9	1
4	7	2	1	8	9	6	5	3
7	2	5	8	1	6	3	4	9
6	8	4	9	3	7	2	1	5
9	1	3	4	5	2	7	6	8

037

4	6	1	7	9	2	8	5	3
9	8	3	6	4	5	1	7	2
2	5	7	1	3	8	4	9	6
7	2	5	9	8	4	6	3	1
3	4	6	2	5	1	7	8	9
1	9	8	3	7	6	5	2	4
8	1	4	5	2	3	9	6	7
6	7	2	8	1	9	3	4	5
5	3	9	4	6	7	2	1	8

038

1	9	5	3	2	7	4	8	6
2	7	3	6	4	8	1	5	9
8	6	4	9	1	5	3	2	7
7	2	8	1	9	3	5	6	4
5	1	6	8	7	4	2	9	3
4	3	9	5	6	2	8	7	1
3	4	7	2	8	6	9	1	5
6	8	1	4	5	9	7	3	2
9	5	2	7	3	1	6	4	8

039

5	2	3	8	1	4	9	6	7
7	4	9	3	5	6	8	2	1
1	6	8	7	2	9	4	3	5
2	9	7	5	8	3	1	4	6
6	5	4	2	9	1	7	8	3
3	8	1	4	6	7	2	5	9
8	1	2	6	7	5	3	9	4
9	3	6	1	4	2	5	7	8
4	7	5	9	3	8	6	1	2

040

7	5	8	1	9	3	6	4	2
2	3	9	7	4	6	5	1	8
1	4	6	5	2	8	3	9	7
5	7	2	6	1	4	9	8	3
4	6	3	8	5	9	7	2	1
8	9	1	3	7	2	4	5	6
3	8	5	4	6	1	2	7	9
9	1	4	2	3	7	8	6	5
6	2	7	9	8	5	1	3	4

041

3	8	4	6	7	2	5	1	9
2	1	7	8	5	9	6	3	4
9	5	6	3	1	4	7	8	2
1	9	5	7	2	8	4	6	3
8	4	3	1	9	6	2	7	5
7	6	2	5	4	3	1	9	8
5	7	9	2	3	1	8	4	6
6	3	1	4	8	5	9	2	7
4	2	8	9	6	7	3	5	1

042

7	4	2	6	1	5	3	9	8
6	5	1	8	3	9	2	7	4
9	8	3	4	2	7	6	5	1
1	2	8	7	4	6	9	3	5
3	9	6	2	5	1	4	8	7
4	7	5	9	8	3	1	6	2
2	1	7	3	6	8	5	4	9
8	3	4	5	9	2	7	1	6
5	6	9	1	7	4	8	2	3

043

1	3	7	2	4	6	9	8	5
8	5	2	1	7	9	3	4	6
4	6	9	3	5	8	7	2	1
9	1	3	6	2	5	4	7	8
6	4	8	7	1	3	5	9	2
2	7	5	9	8	4	1	6	3
7	2	6	5	9	1	8	3	4
3	8	1	4	6	7	2	5	9
5	9	4	8	3	2	6	1	7

044

2	7	8	6	1	3	5	9	4
4	6	9	5	2	7	8	3	1
3	5	1	8	4	9	6	2	7
7	2	5	3	8	6	1	4	9
6	9	3	4	7	1	2	5	8
8	1	4	2	9	5	3	7	6
5	8	6	9	3	4	7	1	2
9	3	7	1	6	2	4	8	5
1	4	2	7	5	8	9	6	3

045

4	7	5	1	8	6	2	3	9
8	3	9	7	4	2	6	5	1
2	1	6	3	9	5	8	7	4
7	6	4	9	3	1	5	8	2
1	9	2	8	5	7	4	6	3
3	5	8	2	6	4	1	9	7
6	8	1	4	7	3	9	2	5
5	2	3	6	1	9	7	4	8
9	4	7	5	2	8	3	1	6

046

8	5	4	1	2	3	7	6	9
9	2	1	5	7	6	4	3	8
3	6	7	4	8	9	2	5	1
5	1	2	9	4	7	6	8	3
6	7	8	2	3	5	1	9	4
4	9	3	6	1	8	5	2	7
2	3	9	7	6	1	8	4	5
1	8	6	3	5	4	9	7	2
7	4	5	8	9	2	3	1	6

047

1	9	6	3	8	2	4	7	5
7	8	3	9	4	5	6	2	1
4	2	5	6	1	7	3	8	9
8	6	2	4	9	3	1	5	7
5	1	7	2	6	8	9	4	3
3	4	9	5	7	1	2	6	8
9	3	8	7	2	6	5	1	4
6	5	1	8	3	4	7	9	2
2	7	4	1	5	9	8	3	6

048

4	2	1	9	8	6	7	5	3
9	6	8	5	7	3	1	4	2
5	7	3	2	4	1	9	6	8
1	8	7	3	6	2	4	9	5
3	5	4	7	1	9	2	8	6
6	9	2	8	5	4	3	7	1
8	3	9	6	2	7	5	1	4
7	1	6	4	3	5	8	2	9
2	4	5	1	9	8	6	3	7

049

8	6	4	1	5	2	7	9	3
7	3	2	9	4	6	1	5	8
1	9	5	7	8	3	4	6	2
2	5	7	6	1	8	9	3	4
3	1	9	4	7	5	2	8	6
4	8	6	2	3	9	5	1	7
9	7	1	3	6	4	8	2	5
5	4	3	8	2	1	6	7	9
6	2	8	5	9	7	3	4	1

050

4	3	2	9	6	5	8	1	7
9	8	6	3	1	7	4	5	2
1	5	7	8	4	2	3	6	9
6	2	9	1	5	3	7	8	4
3	1	8	6	7	4	9	2	5
5	7	4	2	8	9	1	3	6
2	6	3	4	9	1	5	7	8
8	4	5	7	3	6	2	9	1
7	9	1	5	2	8	6	4	3

051

1	3	8	2	5	4	6	7	9
4	9	5	1	6	7	2	8	3
6	7	2	8	9	3	5	1	4
5	1	6	7	4	9	3	2	8
2	8	3	6	1	5	9	4	7
9	4	7	3	2	8	1	5	6
3	2	1	4	8	6	7	9	5
8	6	9	5	7	1	4	3	2
7	5	4	9	3	2	8	6	1

052

4	7	8	9	5	1	2	3	6
3	2	9	8	4	6	1	7	5
6	5	1	7	2	3	8	4	9
5	1	6	3	8	4	9	2	7
9	4	3	2	1	7	6	5	8
2	8	7	5	6	9	4	1	3
8	3	5	1	9	2	7	6	4
7	6	2	4	3	8	5	9	1
1	9	4	6	7	5	3	8	2

053

9	3	4	5	6	2	7	1	8
6	1	2	8	4	7	3	9	5
7	8	5	9	3	1	4	6	2
3	2	8	4	1	5	6	7	9
1	9	7	2	8	6	5	3	4
5	4	6	3	7	9	2	8	1
4	7	9	6	5	8	1	2	3
2	6	3	1	9	4	8	5	7
8	5	1	7	2	3	9	4	6

054

9	2	3	1	7	4	5	8	6
1	6	5	2	8	3	9	7	4
8	4	7	5	9	6	3	1	2
2	3	6	4	5	8	1	9	7
4	9	8	7	1	2	6	3	5
5	7	1	6	3	9	2	4	8
3	8	4	9	2	5	7	6	1
6	1	2	3	4	7	8	5	9
7	5	9	8	6	1	4	2	3

055

8	6	7	1	9	5	3	4	2
1	5	3	2	4	8	9	7	6
4	9	2	6	3	7	1	8	5
9	8	4	3	2	6	7	5	1
6	3	1	7	5	4	2	9	8
2	7	5	8	1	9	6	3	4
3	1	9	4	8	2	5	6	7
7	2	8	5	6	3	4	1	9
5	4	6	9	7	1	8	2	3

056

1	8	6	5	2	4	9	3	7
2	3	5	8	7	9	4	6	1
7	4	9	6	1	3	5	8	2
6	2	8	1	9	5	3	7	4
5	1	3	7	4	6	8	2	9
9	7	4	2	3	8	1	5	6
3	6	2	4	8	1	7	9	5
8	5	1	9	6	7	2	4	3
4	9	7	3	5	2	6	1	8

057

4	1	6	3	2	5	8	7	9
8	2	9	6	4	7	3	1	5
3	7	5	9	8	1	4	6	2
9	3	4	2	6	8	7	5	1
2	5	1	7	9	3	6	4	8
6	8	7	1	5	4	2	9	3
1	4	2	5	3	6	9	8	7
5	6	3	8	7	9	1	2	4
7	9	8	4	1	2	5	3	6

058

4	7	1	9	6	2	8	3	5
6	9	2	5	8	3	7	4	1
5	8	3	4	7	1	6	2	9
2	4	9	7	3	5	1	8	6
7	3	8	1	2	6	5	9	4
1	5	6	8	4	9	2	7	3
8	6	5	2	9	4	3	1	7
9	1	7	3	5	8	4	6	2
3	2	4	6	1	7	9	5	8

059

7	8	2	1	5	9	3	4	6
5	1	6	4	2	3	8	9	7
4	3	9	6	7	8	1	2	5
8	6	7	2	1	4	9	5	3
3	4	1	7	9	5	6	8	2
9	2	5	3	8	6	7	1	4
2	7	8	5	6	1	4	3	9
6	9	4	8	3	2	5	7	1
1	5	3	9	4	7	2	6	8

060

2	7	8	4	1	3	9	5	6
3	1	4	6	5	9	8	2	7
6	5	9	2	8	7	3	1	4
4	3	6	8	2	1	7	9	5
7	2	1	9	3	5	4	6	8
8	9	5	7	4	6	2	3	1
1	6	7	3	9	4	5	8	2
5	8	3	1	7	2	6	4	9
9	4	2	5	6	8	1	7	3

061

1	7	9	6	4	8	5	2	3
4	5	2	7	1	3	9	6	8
3	8	6	2	9	5	1	4	7
2	1	7	9	8	6	4	3	5
8	9	4	5	3	2	7	1	6
5	6	3	4	7	1	2	8	9
9	4	8	1	6	7	3	5	2
6	2	1	3	5	9	8	7	4
7	3	5	8	2	4	6	9	1

062

8	2	1	4	6	3	9	5	7
5	7	3	1	2	9	4	6	8
9	4	6	5	8	7	1	3	2
1	8	7	2	3	4	6	9	5
3	5	4	6	9	8	7	2	1
2	6	9	7	5	1	3	8	4
6	1	5	3	7	2	8	4	9
4	9	2	8	1	6	5	7	3
7	3	8	9	4	5	2	1	6

063

4	2	3	9	1	7	5	6	8
9	1	7	5	8	6	3	4	2
5	6	8	4	3	2	1	7	9
7	5	1	3	2	4	9	8	6
3	9	2	1	6	8	4	5	7
8	4	6	7	5	9	2	1	3
1	8	4	6	9	3	7	2	5
6	3	5	2	7	1	8	9	4
2	7	9	8	4	5	6	3	1

064

5	8	7	1	9	6	4	2	3
2	6	4	7	3	5	1	8	9
1	3	9	2	4	8	6	5	7
9	4	6	5	8	2	3	7	1
7	2	1	9	6	3	8	4	5
8	5	3	4	7	1	9	6	2
4	9	2	6	1	7	5	3	8
3	1	5	8	2	4	7	9	6
6	7	8	3	5	9	2	1	4

065

9	8	5	1	2	3	6	7	4
3	2	7	5	4	6	8	1	9
6	4	1	7	8	9	5	2	3
7	3	9	8	5	1	4	6	2
5	1	2	3	6	4	7	9	8
4	6	8	9	7	2	3	5	1
8	9	3	6	1	7	2	4	5
2	5	6	4	9	8	1	3	7
1	7	4	2	3	5	9	8	6

066

5	9	7	4	3	1	2	8	6
8	3	1	9	6	2	5	4	7
4	2	6	5	8	7	3	1	9
2	5	9	7	4	3	1	6	8
6	4	8	1	9	5	7	3	2
7	1	3	6	2	8	9	5	4
3	7	2	8	1	6	4	9	5
9	8	5	3	7	4	6	2	1
1	6	4	2	5	9	8	7	3

067

9	6	4	1	8	3	5	2	7
5	2	7	6	4	9	8	1	3
3	1	8	2	7	5	4	6	9
4	7	1	9	3	6	2	5	8
8	9	3	5	2	4	1	7	6
6	5	2	8	1	7	9	3	4
2	8	9	7	6	1	3	4	5
1	3	6	4	5	8	7	9	2
7	4	5	3	9	2	6	8	1

068

4	9	5	1	6	3	2	7	8
8	1	7	5	4	2	6	3	9
2	3	6	8	7	9	5	4	1
1	4	2	9	5	7	8	6	3
6	8	9	2	3	1	7	5	4
5	7	3	6	8	4	1	9	2
9	5	8	3	1	6	4	2	7
3	6	4	7	2	8	9	1	5
7	2	1	4	9	5	3	8	6

069

6	1	7	2	8	4	5	3	9
9	3	8	1	6	5	4	2	7
5	2	4	7	3	9	6	1	8
3	7	9	8	1	6	2	5	4
1	4	2	9	5	7	3	8	6
8	5	6	3	4	2	9	7	1
7	9	3	6	2	1	8	4	5
4	8	1	5	9	3	7	6	2
2	6	5	4	7	8	1	9	3

070

4	6	9	8	5	7	3	1	2
8	3	2	6	4	1	9	7	5
1	5	7	9	2	3	8	4	6
5	7	4	2	9	6	1	3	8
2	1	8	7	3	4	6	5	9
3	9	6	1	8	5	4	2	7
9	4	3	5	6	2	7	8	1
7	8	5	3	1	9	2	6	4
6	2	1	4	7	8	5	9	3

071

5	1	9	4	2	6	3	7	8
3	6	7	9	5	8	2	4	1
2	4	8	1	3	7	6	9	5
1	8	6	5	4	9	7	2	3
4	3	5	2	7	1	9	8	6
9	7	2	8	6	3	1	5	4
8	5	1	6	9	2	4	3	7
7	2	4	3	1	5	8	6	9
6	9	3	7	8	4	5	1	2

072

4	6	3	9	7	2	5	1	8
8	9	5	4	1	6	7	2	3
1	7	2	8	5	3	9	4	6
6	4	7	2	9	5	3	8	1
5	2	1	7	3	8	6	9	4
3	8	9	1	6	4	2	7	5
9	1	6	3	4	7	8	5	2
7	3	8	5	2	1	4	6	9
2	5	4	6	8	9	1	3	7

073

7	5	8	9	6	1	2	4	3
2	6	3	4	5	8	7	9	1
1	4	9	3	7	2	8	6	5
4	7	2	8	3	5	6	1	9
5	8	1	2	9	6	4	3	7
3	9	6	1	4	7	5	2	8
8	2	4	7	1	3	9	5	6
6	1	7	5	2	9	3	8	4
9	3	5	6	8	4	1	7	2

074

7	1	6	5	3	9	2	4	8
5	8	2	1	6	4	9	7	3
4	9	3	2	7	8	1	6	5
1	3	4	7	2	6	5	8	9
2	6	9	8	4	5	7	3	1
8	7	5	3	9	1	6	2	4
6	5	1	4	8	7	3	9	2
9	2	8	6	1	3	4	5	7
3	4	7	9	5	2	8	1	6

075

6	1	3	2	4	5	7	9	8
7	9	5	1	8	3	2	4	6
2	8	4	7	9	6	5	1	3
3	4	8	6	2	1	9	7	5
1	2	6	5	7	9	8	3	4
5	7	9	4	3	8	1	6	2
9	3	1	8	6	2	4	5	7
4	6	2	9	5	7	3	8	1
8	5	7	3	1	4	6	2	9

076

7	8	6	1	2	5	9	4	3
5	3	1	6	4	9	8	2	7
2	9	4	7	8	3	6	5	1
4	5	9	3	7	1	2	6	8
1	7	2	4	6	8	5	3	9
8	6	3	9	5	2	7	1	4
3	2	7	8	1	6	4	9	5
9	4	5	2	3	7	1	8	6
6	1	8	5	9	4	3	7	2

077

7	1	2	5	9	8	6	3	4
9	4	3	1	2	6	5	8	7
6	5	8	4	7	3	9	1	2
1	3	4	2	6	7	8	5	9
2	9	7	3	8	5	1	4	6
5	8	6	9	4	1	2	7	3
8	6	1	7	3	2	4	9	5
3	2	9	8	5	4	7	6	1
4	7	5	6	1	9	3	2	8

078

9	2	8	1	5	4	3	7	6
1	7	3	2	9	6	5	4	8
4	5	6	7	3	8	9	1	2
2	9	4	3	1	7	8	6	5
5	6	7	8	4	2	1	3	9
8	3	1	5	6	9	7	2	4
3	4	2	9	8	1	6	5	7
6	8	5	4	7	3	2	9	1
7	1	9	6	2	5	4	8	3

079

1	9	2	8	4	3	7	6	5
3	5	7	1	6	9	4	8	2
4	8	6	2	5	7	9	1	3
7	6	5	3	9	8	2	4	1
8	4	3	6	2	1	5	7	9
2	1	9	4	7	5	8	3	6
5	3	8	7	1	2	6	9	4
6	2	1	9	8	4	3	5	7
9	7	4	5	3	6	1	2	8

080

7	8	5	1	2	6	3	4	9
1	9	6	3	8	4	7	5	2
2	3	4	9	5	7	1	6	8
5	1	8	6	4	3	9	2	7
6	7	3	8	9	2	5	1	4
4	2	9	7	1	5	8	3	6
9	4	1	2	3	8	6	7	5
3	6	2	5	7	9	4	8	1
8	5	7	4	6	1	2	9	3

081

9	1	8	7	2	5	4	6	3
5	3	7	6	4	1	9	2	8
2	6	4	8	9	3	1	7	5
3	9	1	4	6	8	7	5	2
8	4	5	3	7	2	6	1	9
6	7	2	1	5	9	3	8	4
1	8	9	2	3	6	5	4	7
4	2	3	5	1	7	8	9	6
7	5	6	9	8	4	2	3	1

082

7	8	3	5	9	2	6	1	4
1	2	9	3	6	4	5	8	7
4	6	5	1	7	8	3	9	2
8	1	2	9	4	5	7	3	6
3	7	4	2	1	6	9	5	8
9	5	6	8	3	7	2	4	1
2	9	7	4	5	1	8	6	3
6	3	1	7	8	9	4	2	5
5	4	8	6	2	3	1	7	9

083

5	6	8	4	2	3	1	7	9
4	1	7	5	9	6	2	3	8
3	2	9	1	8	7	5	6	4
1	4	2	3	7	9	6	8	5
9	5	3	8	6	1	4	2	7
8	7	6	2	5	4	9	1	3
2	3	5	6	4	8	7	9	1
7	8	4	9	1	2	3	5	6
6	9	1	7	3	5	8	4	2

084

5	7	3	8	9	4	2	1	6
8	2	9	1	7	6	3	5	4
1	6	4	2	3	5	8	7	9
3	9	7	6	8	1	4	2	5
6	5	1	9	4	2	7	3	8
2	4	8	7	5	3	9	6	1
4	8	2	5	6	7	1	9	3
9	1	5	3	2	8	6	4	7
7	3	6	4	1	9	5	8	2

085

2	6	1	9	5	4	3	7	8
9	3	7	2	8	1	4	6	5
4	8	5	6	7	3	1	2	9
6	2	3	5	1	9	7	8	4
5	7	9	4	3	8	6	1	2
1	4	8	7	6	2	9	5	3
8	1	4	3	2	7	5	9	6
7	9	6	8	4	5	2	3	1
3	5	2	1	9	6	8	4	7

086

6	2	8	1	5	4	7	9	3
9	5	4	3	6	7	1	8	2
7	1	3	8	2	9	6	5	4
1	9	6	2	4	3	5	7	8
4	8	2	5	7	1	3	6	9
3	7	5	9	8	6	4	2	1
5	3	1	7	9	8	2	4	6
2	4	9	6	1	5	8	3	7
8	6	7	4	3	2	9	1	5

087

9	2	5	3	7	4	6	8	1
8	1	6	5	9	2	7	4	3
4	3	7	6	8	1	2	9	5
7	9	3	8	2	5	4	1	6
1	5	8	7	4	6	3	2	9
6	4	2	1	3	9	8	5	7
3	7	9	2	5	8	1	6	4
5	8	1	4	6	3	9	7	2
2	6	4	9	1	7	5	3	8

088

8	1	6	2	3	9	4	5	7
2	4	5	6	1	7	8	9	3
9	3	7	4	8	5	6	2	1
5	8	4	1	7	6	2	3	9
6	7	1	9	2	3	5	4	8
3	9	2	5	4	8	7	1	6
4	6	8	3	5	1	9	7	2
1	5	9	7	6	2	3	8	4
7	2	3	8	9	4	1	6	5

089

4	8	5	9	2	6	3	1	7
2	1	9	5	3	7	8	4	6
3	7	6	1	8	4	9	2	5
6	9	7	2	1	8	5	3	4
5	2	3	7	4	9	1	6	8
8	4	1	6	5	3	7	9	2
7	6	8	3	9	2	4	5	1
1	3	2	4	7	5	6	8	9
9	5	4	8	6	1	2	7	3

090

7	1	6	4	2	5	8	3	9
4	9	8	1	3	6	5	7	2
2	3	5	7	9	8	1	6	4
3	8	2	6	1	7	9	4	5
6	5	4	2	8	9	3	1	7
1	7	9	3	5	4	2	8	6
9	2	7	8	6	1	4	5	3
5	4	1	9	7	3	6	2	8
8	6	3	5	4	2	7	9	1

091

1	2	4	7	8	9	3	5	6
6	9	8	4	5	3	1	2	7
3	5	7	2	6	1	4	9	8
2	3	1	5	7	4	8	6	9
4	7	9	8	1	6	2	3	5
5	8	6	3	9	2	7	4	1
7	4	5	6	3	8	9	1	2
8	1	3	9	2	5	6	7	4
9	6	2	1	4	7	5	8	3

092

2	8	3	6	7	1	5	9	4
7	4	9	5	8	2	6	3	1
1	5	6	4	9	3	7	2	8
3	1	7	2	6	4	9	8	5
5	9	4	1	3	8	2	7	6
6	2	8	9	5	7	4	1	3
4	6	2	3	1	9	8	5	7
8	3	5	7	2	6	1	4	9
9	7	1	8	4	5	3	6	2

093

3	6	1	8	9	4	7	2	5
9	7	8	3	5	2	6	4	1
4	2	5	7	1	6	9	8	3
7	1	2	4	8	3	5	9	6
5	9	4	2	6	1	3	7	8
8	3	6	5	7	9	2	1	4
1	8	9	6	3	7	4	5	2
2	5	3	9	4	8	1	6	7
6	4	7	1	2	5	8	3	9

094

2	1	7	9	3	4	8	6	5
4	8	6	2	1	5	7	3	9
3	9	5	6	8	7	2	4	1
9	5	2	3	6	1	4	7	8
1	3	8	7	4	2	5	9	6
6	7	4	5	9	8	3	1	2
8	4	3	1	2	9	6	5	7
7	6	9	8	5	3	1	2	4
5	2	1	4	7	6	9	8	3

095

8	9	4	3	1	2	7	6	5
3	6	1	5	9	7	8	2	4
5	2	7	6	8	4	3	9	1
1	7	8	4	2	9	6	5	3
2	4	3	8	6	5	9	1	7
9	5	6	1	7	3	2	4	8
6	3	5	9	4	8	1	7	2
4	1	2	7	3	6	5	8	9
7	8	9	2	5	1	4	3	6

096

8	3	7	9	1	2	4	6	5
2	6	4	5	8	7	3	1	9
1	9	5	6	4	3	2	8	7
6	4	8	2	3	9	7	5	1
9	7	2	8	5	1	6	4	3
3	5	1	4	7	6	9	2	8
5	2	3	1	9	4	8	7	6
4	8	9	7	6	5	1	3	2
7	1	6	3	2	8	5	9	4

097

8	7	6	5	1	3	2	4	9
4	3	9	6	2	8	1	7	5
5	2	1	7	9	4	3	6	8
7	1	4	3	5	2	9	8	6
9	6	2	1	8	7	5	3	4
3	8	5	4	6	9	7	2	1
2	9	7	8	4	5	6	1	3
1	5	8	2	3	6	4	9	7
6	4	3	9	7	1	8	5	2

098

3	1	2	9	4	7	6	5	8
9	4	8	1	6	5	2	3	7
6	5	7	3	8	2	4	9	1
1	3	4	8	5	6	7	2	9
7	8	9	2	3	4	5	1	6
2	6	5	7	1	9	8	4	3
8	2	1	4	7	3	9	6	5
5	9	3	6	2	8	1	7	4
4	7	6	5	9	1	3	8	2

099

3	8	1	7	4	9	6	2	5
2	6	5	8	1	3	4	7	9
9	7	4	5	6	2	1	3	8
7	9	8	2	3	4	5	6	1
6	4	3	1	8	5	2	9	7
5	1	2	6	9	7	3	8	4
1	2	9	3	5	8	7	4	6
8	5	7	4	2	6	9	1	3
4	3	6	9	7	1	8	5	2

100

8	4	1	3	5	6	2	9	7
5	9	6	4	2	7	1	8	3
3	7	2	8	1	9	4	5	6
4	8	7	6	9	3	5	1	2
1	3	9	5	8	2	6	7	4
2	6	5	7	4	1	8	3	9
9	5	3	1	6	4	7	2	8
6	2	8	9	7	5	3	4	1
7	1	4	2	3	8	9	6	5

101

2	9	4	8	7	3	5	1	6
6	7	8	5	9	1	2	4	3
3	1	5	6	4	2	9	7	8
1	2	9	7	3	6	4	8	5
7	8	3	4	1	5	6	2	9
4	5	6	9	2	8	1	3	7
5	6	2	1	8	7	3	9	4
9	3	7	2	6	4	8	5	1
8	4	1	3	5	9	7	6	2

102

6	2	8	5	4	7	9	3	1
3	9	1	8	2	6	7	5	4
5	4	7	1	3	9	8	6	2
9	3	4	6	5	8	1	2	7
2	8	5	4	7	1	3	9	6
1	7	6	2	9	3	5	4	8
8	6	9	3	1	2	4	7	5
7	5	2	9	8	4	6	1	3
4	1	3	7	6	5	2	8	9

103

4	1	8	3	5	7	2	9	6
6	3	7	8	9	2	1	5	4
5	2	9	4	6	1	8	3	7
2	6	5	9	4	8	3	7	1
1	8	4	2	7	3	5	6	9
7	9	3	5	1	6	4	8	2
9	7	2	1	8	5	6	4	3
3	5	6	7	2	4	9	1	8
8	4	1	6	3	9	7	2	5

104

9	4	1	8	6	3	5	7	2
2	7	3	1	4	5	9	8	6
6	8	5	7	9	2	1	3	4
8	1	4	6	7	9	2	5	3
5	6	2	3	8	1	4	9	7
3	9	7	5	2	4	8	6	1
7	3	9	2	1	8	6	4	5
4	2	6	9	5	7	3	1	8
1	5	8	4	3	6	7	2	9

105

4	7	1	6	2	5	8	3	9
3	2	8	1	4	9	6	7	5
6	5	9	8	3	7	2	1	4
1	3	5	4	7	8	9	2	6
2	4	6	9	1	3	5	8	7
8	9	7	2	5	6	1	4	3
9	6	4	3	8	2	7	5	1
7	1	2	5	9	4	3	6	8
5	8	3	7	6	1	4	9	2

106

5	9	4	8	2	3	6	7	1
7	3	8	1	9	6	2	4	5
6	1	2	4	7	5	3	9	8
2	7	5	9	8	4	1	6	3
4	8	1	3	6	7	9	5	2
9	6	3	2	5	1	4	8	7
8	4	6	7	1	2	5	3	9
3	2	7	5	4	9	8	1	6
1	5	9	6	3	8	7	2	4

107

9	2	8	7	1	4	6	5	3
6	4	5	8	2	3	7	1	9
3	7	1	9	5	6	8	2	4
2	3	9	6	8	5	1	4	7
7	1	4	2	3	9	5	8	6
5	8	6	1	4	7	9	3	2
1	5	7	4	9	2	3	6	8
8	9	2	3	6	1	4	7	5
4	6	3	5	7	8	2	9	1

108

9	8	6	7	5	3	1	4	2
3	4	2	1	6	8	9	7	5
5	7	1	2	4	9	3	6	8
1	2	9	3	7	6	5	8	4
6	5	7	8	1	4	2	9	3
8	3	4	5	9	2	7	1	6
7	1	3	4	8	5	6	2	9
4	6	5	9	2	1	8	3	7
2	9	8	6	3	7	4	5	1

109

6	5	4	3	1	9	2	7	8
9	8	2	5	4	7	6	3	1
1	7	3	6	8	2	9	4	5
4	3	5	1	7	6	8	2	9
8	9	7	4	2	5	3	1	6
2	6	1	8	9	3	4	5	7
3	1	6	2	5	8	7	9	4
5	2	9	7	6	4	1	8	3
7	4	8	9	3	1	5	6	2

110

1	3	5	8	4	2	6	7	9
6	2	8	5	7	9	4	3	1
4	9	7	3	6	1	5	8	2
7	1	9	2	3	4	8	5	6
2	5	4	9	8	6	3	1	7
3	8	6	7	1	5	2	9	4
5	7	2	6	9	3	1	4	8
8	4	3	1	2	7	9	6	5
9	6	1	4	5	8	7	2	3

111

2	1	5	3	7	4	6	8	9
6	8	9	2	1	5	7	3	4
3	4	7	8	6	9	1	5	2
8	9	2	6	3	7	4	1	5
5	7	6	4	8	1	2	9	3
4	3	1	5	9	2	8	7	6
9	5	4	7	2	8	3	6	1
1	6	8	9	4	3	5	2	7
7	2	3	1	5	6	9	4	8

112

3	5	4	6	2	7	1	8	9
6	9	2	1	5	8	4	7	3
1	7	8	4	3	9	5	2	6
2	4	1	8	9	3	6	5	7
8	3	9	7	6	5	2	1	4
5	6	7	2	4	1	9	3	8
9	1	3	5	8	6	7	4	2
7	2	6	3	1	4	8	9	5
4	8	5	9	7	2	3	6	1

113

4	9	6	5	1	8	3	2	7
3	2	8	9	6	7	4	5	1
1	7	5	4	2	3	9	6	8
5	8	4	3	7	9	2	1	6
2	1	7	8	4	6	5	9	3
9	6	3	2	5	1	8	7	4
6	4	2	7	8	5	1	3	9
7	5	9	1	3	4	6	8	2
8	3	1	6	9	2	7	4	5

114

5	4	1	2	8	7	3	6	9
6	3	2	5	1	9	4	7	8
8	7	9	6	4	3	1	5	2
4	5	7	1	9	6	8	2	3
3	9	8	7	5	2	6	1	4
2	1	6	4	3	8	5	9	7
1	8	5	9	2	4	7	3	6
9	6	4	3	7	5	2	8	1
7	2	3	8	6	1	9	4	5

115

7	3	4	1	6	2	8	5	9
8	6	5	3	4	9	1	7	2
1	9	2	8	5	7	3	4	6
2	1	3	5	7	6	9	8	4
9	5	8	2	1	4	6	3	7
4	7	6	9	3	8	2	1	5
6	4	1	7	9	3	5	2	8
5	8	9	4	2	1	7	6	3
3	2	7	6	8	5	4	9	1

116

6	4	2	3	5	8	1	7	9
1	8	5	7	9	4	2	3	6
7	9	3	2	1	6	5	4	8
5	7	4	8	6	1	9	2	3
3	1	9	5	2	7	8	6	4
2	6	8	4	3	9	7	5	1
9	3	7	6	8	5	4	1	2
4	2	1	9	7	3	6	8	5
8	5	6	1	4	2	3	9	7

117

2	8	4	7	5	9	6	1	3
7	1	3	2	4	6	5	8	9
9	6	5	1	3	8	7	4	2
5	3	1	9	7	2	4	6	8
6	2	7	8	1	4	3	9	5
8	4	9	3	6	5	2	7	1
1	7	8	6	2	3	9	5	4
4	9	2	5	8	7	1	3	6
3	5	6	4	9	1	8	2	7

118

9	6	1	8	2	4	3	7	5
3	2	5	7	1	9	4	8	6
7	8	4	5	3	6	1	2	9
4	1	8	9	6	2	7	5	3
5	7	3	4	8	1	9	6	2
2	9	6	3	7	5	8	4	1
8	5	7	6	9	3	2	1	4
1	4	9	2	5	8	6	3	7
6	3	2	1	4	7	5	9	8

119

1	4	3	9	5	8	6	2	7
2	7	6	1	3	4	5	8	9
5	8	9	2	7	6	3	4	1
7	9	1	8	2	3	4	6	5
3	5	4	6	1	7	2	9	8
8	6	2	5	4	9	1	7	3
6	2	7	3	8	5	9	1	4
4	1	5	7	9	2	8	3	6
9	3	8	4	6	1	7	5	2

120

3	1	8	2	7	9	6	4	5
2	5	9	6	4	8	7	1	3
7	6	4	1	5	3	8	2	9
1	2	5	4	9	7	3	6	8
4	8	6	3	2	5	9	7	1
9	3	7	8	1	6	4	5	2
6	7	3	5	8	1	2	9	4
8	4	1	9	6	2	5	3	7
5	9	2	7	3	4	1	8	6

The 모두의 스도쿠   Nº 1

초판발행 : 2025년 8월 8일
2쇄 발행 : 2025년 10월 31일

지 은 이 ㅣ 스도쿠 크리에이터
펴 낸 이 ㅣ 고명흠
펴 낸 곳 ㅣ 랜딩북스

출판등록 ㅣ 2019년 5월 21일 제2019-000050호
주   소 ㅣ 서울시 서대문구 세검정로1길 93,
            벽산아파트 상가 A동 304호
전   화 ㅣ (02)356-8402 / FAX (02)356-8404
E-MAIL   ㅣ landingbooks@daum.net
홈페이지 ㅣ www.munyei.com

ISBN 979-11-91895-40-7 (10410)